水利部黄河水利委员会

黄河防洪建设机电设备安装工程预算定额

（试行）

黄河水利出版社

·郑州·

图书在版编目(CIP)数据

黄河防洪建设机电设备安装工程预算定额：试行／水利部黄河水利委员会编. —郑州：黄河水利出版社，2011.4
ISBN 978－7－5509－0018－9

Ⅰ.①黄…　Ⅱ.①水…　Ⅲ.①黄河－防洪工程－机电设备－建筑安装－预算定额　Ⅳ.①TV87

中国版本图书馆 CIP 数据核字(2011)第 061632 号

出　版　社:黄河水利出版社
　　　　地址:河南省郑州市顺河路黄委会综合楼14层　　邮政编码:450003
发行单位:黄河水利出版社
　　　　发行部电话:0371－66026940、66020550、66022620(传真)
　　　　E-mail: hhslcbs@126.com
承印单位:河南地质彩色印刷厂
开本:850 mm×1168 mm　1/32
印张:0.75
字数:19 千字　　　　　　　　　　印数:1—1000
版次:2011 年 4 月第 1 版　　　　印次:2011 年 4 月第 1 次印刷

定价:30.00 元

水利部黄河水利委员会文件

黄建管[2011]8 号

关于发布《黄河防洪建设混凝土工程预算定额》(试行)和《黄河防洪建设机电设备安装工程预算定额》(试行)的通知

委属有关单位、机关有关部门：

　　为了适应黄河水利工程造价管理工作的需要，合理确定和有效控制黄河防洪工程基本建设投资，提高投资效益，根据国家和水利部的有关规定，结合黄河防洪工程建设实际，黄河水利委员会水利工程建设造价经济定额站组织编制了《黄河防洪建设混凝土工程预算定额》(试行)和《黄河防洪建设机电设备安装工程预算定额》(试行) (用单行本另行发布)，现予以颁布。本定额自 2011 年 7 月 1 日起执行，原相应定额同时废止。

本定额与水利部颁布的《水利建筑工程预算定额》(2002)配套使用(采用本定额编制概算时，应乘以概算调整系数)，在执行过程中如有问题请及时函告黄河水利委员会水利工程建设造价经济定额站。

水利部黄河水利委员会

二○一一年四月七日

主题词：工程预算　定额　黄河　通知

抄　送：水利部规划计划司、建设与管理司、水利水电规划设计总院、水利建设经济定额站。

黄河水利委员会办公室　　　2011 年 4 月 7 日印制

主 持 单 位	黄河水利委员会水利工程建设造价经济定额站
主 编 单 位	黄河勘测规划设计有限公司
审 查	张柏山　杨明云
主 编	刘家俊　袁国芹　李永芳　闫　鹏
副 主 编	宋玉红　刘　云　韩红星
编写组成员	刘家俊　袁国芹　李永芳　闫　鹏 丘善富　宋玉红　刘　云　韩红星 李　涛　李建军　李晓萍　王艳洲 李正华　窦　燕　张　靖　徐新华 王庆伟　韩　晶　张　波　张　斌 胡世乐　李　冰　岳绍华　阎　东 王万民

目　录

说　明

一、《黄河防洪建设机电设备安装工程预算定额》（以下简称本定额）分为干式变压器安装、油浸式变压器安装、变压器干燥、变压器油过滤、柴油发电机组安装、跌落式熔断器安装、杆上避雷器安装、组合式变电站安装、高压开关柜（真空断路器）安装等九节。

二、本定额适用于黄河防洪建设工程，是根据黄河防洪工程建设实际，对水利部颁发的《水利水电设备安装工程预算定额》（1999）的补充，是编制工程预算的依据和编制工程概算的基础，并可作为编制工程招标标底和投标报价的参考。

三、本定额根据国家和有关部门颁发的定额标准、施工技术规范、验收规范等进行编制。

四、本定额适用于下列主要施工条件：

1.设备、附件、构件、材料符合质量标准及设计要求。

2.设备安装条件符合施工组织设计要求。

3.按每天三班制和每班八小时工作制进行施工。

五、本定额中人工、材料、机械台时等均以实物量表示。

六、本定额中材料及机械仅列出主要材料和主要机械的品种、型号、规格与数量，次要材料和一般小型机械及机具已分别按占主要材料费和主要机械费的百分率计入"其他材料费"和"其他机械费"中。使用时如有品种、型号、规格不同，不分主次均不作调整。

七、本定额未计价材料的用量，应根据施工图设计计量并计入规定的操作消耗量计算。

八、定额中人工、机械用量是指完成一个定额子目工作内容所需的全部人工和机械。包括基本工作、准备与结束、辅助生产、不可避免的中断、必要的休息、工程检查、交接班、班内工作干扰、夜间施工工效影响、常用工具和机械的维修、保养、加油、加水等全部工作。

九、定额子目工作内容

1.干式变压器安装

本节分干式变压器≤500kVA/35kV、≤1000kVA/35kV、≤2000kVA/35kV 三个子目，以"台"为计量单位。

变压器如带有保护外罩，人工、机械乘以 1.2 系数。

工作内容包括搬运、开箱、器身检查、本体就位，垫铁制作、安装，附件安装，接地，配合电气试验。

2.油浸式变压器安装

本节分台上变压器≤80kVA/10kV、≤160kVA/10kV，杆上变压器≤80kVA/10kV、≤160kVA/10kV 四个子目，以"台"为计量单位。

变压器油按设备自带考虑，但施工中变压器油的过滤损耗以及操作损耗已包括在相关定额中；干式电力变压器安装按相同电压等级、容量的油浸式变压器（台上）定额乘以 0.7 系数。

杆上变压器安装工作内容包括支架、横担、撑铁安装，设备安装固定、检查、调整、配线、接线、接地、补漆、配合电气试验。

台上变压器安装工作内容包括搬运、开箱、检查，本体就位，垫铁及附件制作、安装，接地，补漆，配合电气试验。

杆上变压器安装中台架、瓷瓶、连引线、金具及接线端子等按未计价材料，依据设计的规格另行计算。

3.变压器干燥

本节分油浸式变压器≤80kVA/10kV、≤160kVA/10kV 两个子目，以"台"为计量单位。

变压器通过试验，判定绝缘材料受潮时才需要干燥。

工作内容包括干燥维护、干燥用机具装拆、检查、记录、整理、清扫收尾及注油。

4.变压器油过滤

本子目以"t"为计量单位。

根据制造厂提供的油量计算，不论过滤几次，直到合格。

工作内容包括过滤前的准备及过滤后的清理、油过滤、取油样、配合试验。

5.柴油发电机组安装

本节分柴油发电机组≤100kW、≤200kW、≤400kW 三个子目，以"组"为计量单位。

柴油发电机所需的底座费用，应根据设计图纸按有关定额另行计算。

安装排气系统所用的镀锌钢管、U 形钢、弯头、法兰盘、法兰螺栓、膨胀螺栓等主要材料按未计价材料，依据设计的规格另行计算。

柴油发电机组安装工作内容包括现场搬运、开箱检验、稳机找平、安装固定、接地、绝缘测量、试车（10h）等。

安装排气系统工作内容包括清点材料、丈量尺寸、排气管加工套丝（或焊接）、焊法兰盘、垫石棉垫、安装固定（含吊挂）、安装波纹管及消音器等。

6.跌落式熔断器安装

本子目以"组"为计量单位,每组为 3 只。

跌落式熔断器安装中连引线、绝缘子、横担及金具等按未计价材料，依据设计的规格另行计算。

工作内容包括搬运、开箱检查，支架、横担、撑铁安装，设备安装固定、检查、调整、配线、接线。

7.杆上避雷器安装

本节分避雷器 0.4kV、10kV 两个子目，以"组"为计量单位，每组为 3 只。

杆上避雷器安装中连引线、绝缘子、横担及金具等按未计价材料，依据设计的规格另行计算。

工作内容包括搬运、开箱检查，支架、横担、撑铁安装，设备安装固定、检查、调整、配线、接线、接地、配合电气试验。

8.组合式变电站安装

本节组合式变电站为带高压开关柜组合式变电站，分≤100kVA/10kV、≤315kVA/10kV 两个子目，以"台"为计量单位。

工作内容包括搬运、开箱、检查、安装固定、接线、接地、配合电气试验。

9.高压开关柜(真空断路器)安装

本节分 10kV 高压开关柜(真空断路器)、35kV 高压开关柜(真空断路器)两个子目，以"台"为计量单位。

工作内容包括搬运、开箱检查，就位、找正、固定、柜间连接，断路器解体检查，联锁装置检查，断路器调整，其他设备检查，导体接触面检查，二次元件拆装，校接线，接地，刷漆、配合电气试验。

1 干式变压器

单位：台

项　　目	单位	35kV 容量（kVA）		
		≤500	≤1000	≤2000
工　　长	工时	5.4	7.0	8.4
高　级　工	工时	26.8	35.1	41.9
中　级　工	工时	39.3	51.5	61.5
初　级　工	工时	17.9	23.4	27.9
合　　计	工时	89.4	117.0	139.7
棉　纱　头	kg	0.50	0.50	0.50
棉　　布	kg	0.10	0.10	0.10
铁　砂　布	张	2.00	2.00	2.00
塑　料　布	m²	2.00	2.50	2.50
电　焊　条	kg	0.30	0.30	0.30
汽　油 70#	kg	0.50	1.00	1.50
镀锌铁丝 8~12#	kg	1.00	2.00	2.65
调　和　漆	kg	2.50	3.00	3.00
防　锈　漆	kg	0.50	1.00	1.00
钢板垫板	kg	4.00	6.00	6.50
钢　锯　条	根	1.00	1.00	1.00
电力复合酯	kg	0.05	0.05	0.05
镀锌扁钢 -40×4	kg	4.50	4.50	4.50
镀锌螺栓 M20×100以内	套	4.10	4.10	4.10
其他材料费	%	20	20	20
汽车起重机 5t	台时	0.77		
汽车起重机 8t	台时		2.56	2.88
载重汽车 5t	台时	0.77		
载重汽车 8t	台时		1.41	1.60
交流电焊机 25kVA	台时	1.92	1.92	2.56
其他机械费	%	10	10	10
编　　号		07204	07205	07206

2　油浸式变压器

（1）台上变压器

项　目	单位	10kV　容量（kVA）	
		≤80	≤160
工　　　长	工时	2.7	3.0
高　级　工	工时	13.6	15.1
中　级　工	工时	22.6	25.2
初　级　工	工时	6.3	7.0
合　　　计	工时	45.2	50.3
棉　纱　头	kg	0.39	0.42
塑　料　布	m²	1.50	1.50
电　焊　条	kg	0.84	0.84
汽　　油　70#	kg	0.23	0.26
镀锌铁丝　8~12#	kg	1.00	1.00
调　和　漆	kg	0.28	0.30
防　锈　漆	kg	0.40	0.49
电力复合酯	kg	0.02	0.02
镀锌扁钢	kg	4.50	4.50
钢板垫板	kg	5.00	5.00
镀锌螺栓　M18×100 以内	套	4.10	4.10
醇酸磁漆	kg	0.20	0.20
其他材料费	%	12	12
汽车起重机　8t	台时	2.07	2.30
载重汽车　5t	台时	0.23	0.27
交流电焊机　25kVA	台时	1.92	1.92
其他机械费	%	10	10
编　　　号		07207	07208

（2）杆上变压器

项 目	单位	10kV 容量（kVA）	
		≤80	≤160
工 长	工时	3.6	4.6
高 级 工	工时	17.8	23.2
中 级 工	工时	29.7	38.6
初 级 工	工时	8.3	10.8
合 计	工时	59.4	77.2
棉 纱 头	kg	0.10	0.10
汽 油 70#	kg	0.15	0.15
镀锌铁丝 8~12#	kg	1.00	1.00
调 和 漆	kg	0.60	0.80
防 锈 漆	kg	0.30	0.50
钢 板 垫 板	kg	4.08	4.08
钢 锯 条	根	1.50	1.50
电 力 复 合 酯	kg	0.10	0.10
镀锌圆钢 Φ10~14	kg	4.02	4.02
镀锌螺栓 M16×100以内	套	4.10	4.10
其 他 材 料 费	%	12	12
汽车起重机 5t	台时	3.20	3.20
其 他 机 械 费	%	10	10
编 号		07209	07210

3　变压器干燥

单位：台

项　目	单位	10kV　容量（kVA）	
		≤80	≤160
工　　长	工时	2.6	3.3
高　级　工	工时	16.6	19.1
中　级　工	工时	27.2	31.3
初　级　工	工时	7.3	8.6
合　　计	工时	53.7	62.3
镀锌铁丝　8~10#	kg	1.30	1.39
电	kWh	100.40	122.80
滤油纸　300×300	张	54.00	54.00
石棉布　δ=2.5	m²	1.13	1.16
木　　材	m³	0.10	0.10
磁化线圈　BLX-35	m	15.00	15.00
其他材料费	%	5	5
滤油机	台时	2.05	2.40
其他机械费	%	10	10
编　　号		07211	07212

4 变压器油过滤

项 目	单位	数量
工　　　长	工时	1.6
高　级　工	工时	8.1
中　级　工	工时	13.5
初　级　工	工时	3.8
合　　　计	工时	27.0
棉 纱 头	kg	0.30
镀锌铁丝　8~12#	kg	0.40
钢　板　δ=4~10	kg	26.53
滤油纸　300×300	张	72.00
黑胶布　20mm×20m	卷	0.04
变压器油	kg	18.00
其他材料费	%	20
汽车起重机　5t	台时	0.38
滤 油 机	台时	5.38
真空滤油机　≤100L/min	台时	2.30
其他机械费	%	10
编　　　号		07213

5 柴油发电机组

（1）柴油发电机组

单位：组

项　　　目	单位	≤100kW	≤200kW	≤400kW
工　　　长	工时	9.9	12.1	17.8
高　级　工	工时	49.7	60.5	89.1
中　级　工	工时	119.2	145.2	213.7
初　级　工	工时	19.8	24.2	35.6
合　　　计	工时	198.6	242.0	356.2
棉　纱　头	kg	0.56	0.57	0.75
棉　　　布	kg	0.77	0.83	1.05
塑　料　布	kg	1.68	1.68	2.79
电　焊　条	kg	0.24	0.24	0.33
镀锌铁丝　8~12#	kg	2.00	3.00	4.00
镀锌扁钢	kg	9.00	9.00	13.50
白　　　布	m	0.27	0.31	0.46
平　垫　铁	kg	4.06	4.06	6.10
斜　垫　铁	kg	4.18	4.18	6.26
铁　　　钉	kg	0.03	0.04	0.07
煤　　　油	kg	3.32	3.45	3.96
柴　　　油	kg	31.08	43.62	55.80
机　　　油	kg	0.59	0.61	0.67

项 目	单位	≤100kW	≤200kW	≤400kW
黄 油 钙基酯	kg	0.20	0.20	0.20
铅 油	kg	0.05	0.05	0.05
白 漆	kg	0.08	0.08	0.10
聚酯乙烯泡沫塑料	kg	0.14	0.14	0.17
其他材料费	%	20	20	20
汽车起重机 8t	台时	1.28	1.92	
汽车起重机 16t	台时			1.92
载 重 汽 车 8t	台时	1.60	2.40	3.20
内 燃 叉 车 6t	台时	1.28	1.92	2.56
交流电焊机 25kVA	台时	0.64	0.64	1.28
其他机械费	%	15	15	15
编 号		07214	07215	07216

（2）机组体外排气系统

单位：套

项 目	单位	≤100kW	≤200kW	≤400kW
工 长	工时	2.8	3.0	3.4
高 级 工	工时	14.0	14.8	16.9
中 级 工	工时	33.6	35.6	40.7
初 级 工	工时	5.6	5.9	6.8
合 计	工时	56.0	59.3	67.8
编 号		07217	07218	07219

6 跌落式熔断器

项 目	单位	数量
工 长	工时	0.7
高 级 工	工时	3.1
中 级 工	工时	4.1
初 级 工	工时	2.0
合 计	工时	9.9
棉 纱 头	kg	0.10
调 和 漆	kg	0.20
防 锈 漆	kg	0.10
钢 锯 条	根	1.00
电力复合酯	kg	0.05
镀 锌 圆 钢 Φ10~14	kg	4.02
铁 绑 线 Φ2	m	3.60
镀 锌 螺 栓 M12×100以内	套	6.10
镀 锌 螺 栓 M16×100以内	套	3.10
其他材料费	%	5
编 号		07220

7 杆上避雷器

单位：组

项 目	单位	0.4kV	10kV
工 长	工时	0.3	0.6
高 级 工	工时	1.6	3.2
中 级 工	工时	2.3	4.7
初 级 工	工时	1.0	2.1
合 计	工时	5.2	10.6
棉 纱 头	kg	0.05	0.10
调 和 漆	kg	0.15	0.20
防 锈 漆	kg	0.08	0.10
钢 锯 条	根	0.50	1.00
电力复合酯	kg	0.05	0.05
镀锌圆钢 Φ10~14	kg	4.02	4.02
铁 绑 线 Φ2	m	2.00	3.60
镀锌螺栓 M12×100以内	套	1.60	2.00
镀锌螺栓 M16×100以内	套	7.20	9.20
镀锌接地板 40×5×120	个	1.44	2.08
其他材料费	%	5	5
编 号		07221	07222

8 组合式变电站

单位：台

项 目	单位	10kV 容量（kVA）	
		≤100	≤315
工 长	工时	6.0	7.9
高 级 工	工时	30.0	39.3
中 级 工	工时	50.0	65.6
初 级 工	工时	14.0	18.4
合 计	工时	100.0	131.2
棉 纱 头	kg	0.15	0.15
铁 砂 布	m²	2.00	2.50
电 焊 条	kg	0.25	0.25
汽 油 70#	kg	0.80	0.80
调 和 漆	kg	0.60	0.60
防 锈 漆	kg	0.60	0.60
钢 板 垫 板	kg	11.00	14.50
钢 锯 条	根	1.00	1.00
电 力 复 合 酯	kg	0.20	0.20
镀 锌 扁 钢	kg	144.00	168.00
白 布	m	0.80	0.80
镀 锌 螺 栓 M16×250 以内	套	6.10	6.10
其他材料费	%	12	12
汽车起重机 5t	台时	3.20	3.20
载 重 汽 车 5t	台时	3.20	3.20
交流电焊机 25kVA	台时	1.60	1.60
其他机械费	%	10	10
编 号		07223	07224

9 高压开关柜(真空断路器)

项　　目	单位	10kV	35kV
工　　　长	工时	2.2	4.1
高　级　工	工时	9.3	17.7
中　级　工	工时	15.6	29.6
初　级　工	工时	4.0	7.7
合　　　计	工时	31.1	59.1
棉　纱　头	kg	0.50	0.50
电　焊　条	kg	0.30	0.35
汽　　油　70#	kg	0.25	1.00
调　和　漆	kg	0.50	1.00
防　锈　漆	kg	0.50	0.50
电力复合酯	kg	0.30	0.30
镀锌扁钢	kg	5.00	5.00
平　垫　铁	kg	0.50	0.75
镀锌六脚螺栓	kg	1.25	2.54
铜芯塑料绝缘线　500V BV - 2.5	m	2.00	3.00
砂轮切割片　Φ400	片	0.50	0.50
其他材料费	%	10	10
汽车起重机　5t	台时	0.64	1.28
载重汽车　5t	台时	0.96	1.28
卷扬机　单筒慢速3t	台时	0.38	1.28
交流电焊机　25kVA	台时	0.64	1.92
其他机械费	%	10	10
编　　　号		07225	07226